MÉMOIRE

SUR LE

THRIPS OLIVARIUS,

(Thrips de l'Olivier)

Et sur les moyens de prévenir les ravages de cet insecte.

Par F. TAMBURIN.

Draguignan,
IMPRIMERIE DE H. BERNARD,
PRÈS LA PAROISSE.

1842.

MÉMOIRE

SUR LE

THRIPS OLIVARIUS,

(Thrips de l'Olivier)

Et sur les moyens de prévenir les ravages de cet insecte.

Par F. TAMBURIN

Draguignan,

IMPRIMERIE DE H. BERNARD,

PRÈS LA PAROISSE.

1842.

MÉMOIRE

SUR LE

THRIPS OLIVARIUS,

(**Thrips de l'Olivier**)

Et sur les moyens de prévenir les ravages de cet insecte.

PROLÉGOMÈNES.

—

Depuis les admirables découvertes des *Lavoisier*, des *Chaptal*, qui, outre les résultats acquis, ont encore le mérite d'avoir donné un élan extraordinaire à l'étude des choses utiles, les sciences ont fait et font encore chaque jour des progrès immenses ; il en est même dont l'heureuse application aux arts manufacturiers et à l'hygiène, rendront à l'humanité d'éminents services. De ce nombre sont l'*histoire naturelle* et la *chimie*.

Il est incontestable, également, que ces deux sciences ont des rapports nombreux, directs avec l'agriculture ; mais il faudrait, pour utiliser ces points de contact, qu'elles fussent étudiées ensemble, menées de front par le même homme, et c'est ce qu'un très-petit nombre de personnes ont pu faire jusqu'à ce jour. Cela explique pourquoi l'agriculture n'a pas encore retiré de la chimie et de l'histoire naturelle, tous les services que ces deux sciences paraissent destinées à lui rendre dans l'avenir.

L'*entomologie*, par exemple, qui est une des subdivisions infinies de l'histoire naturelle, n'a été longtemps et n'est encore, on peut le dire, sauf de rares exceptions, qu'une science d'agrément, comme la *conchyliologie* et l'*ornithologie*. Quelques amateurs, émerveillés de la beauté des insectes, des coquillages et des oiseaux, de ces petites familles aux variétés innombrables, que Dieu a ajoutées à la création, se prennent de passion pour ces ravissantes merveilles du Créateur, et trouvent dans leurs faciles études, les plus douces, et les plus innocentes distractions. Mais, en attendant, la science avance peu, et quand elle marche, c'est à pas lents. C'est qu'au premier aspect les applications de l'*entomologie* à l'agriculture paraissent très-limitées. Et cependant l'importation seule du *ver-à-soie*, de cette laborieuse et riche chenille qui, depuis le règne d'Henri iv, a fixé en France l'attention de l'agriculture, aurait dû prouver les rapports qui existent entre l'*entomologie* et les *sciences agricoles*. Enfin, si d'autres insectes, véritables fléaux pour nos contrées, détruisent dans leur germe les plus belles récoltes, ne faut-il pas, si l'on veut parvenir à les détruire et rendre la sécurité aux cultivateurs, que l'*entomologiste* se livre avec un zèle infatigable à l'étude la plus minutieuse pour arriver à la connaissance exacte de l'origine, de la nature et des habitudes de ces insectes !

Déjà, il est vrai, un de nos plus savants *entomologistes*, M. le docteur AUDOIN, membre de l'*Institut de France*, a cherché ce problème et n'a pu parvenir à le résoudre. Mais animé d'un autre zèle pour ses compatriotes du département du Var, ce problème aurait été bientôt résolu et mis à découvert sous toutes ses faces, par le docteur OLIVIER (*des Arcs*), notre compatriote, (auteur d'un *Voyage dans l'Empire Ottoman* et de plusieurs ouvrages d'histoire naturelle que la Convention, ainsi que Napoléon, avaient distingué au milieu des célébrités de l'époque), s'il n'avait été enlevé à son pays bien jeune encore, au moment où il l'enrichissait de ses découvertes. Fallait-il nous laisser décourager si la nature nous avait moins favorisé que le docteur Olivier, et devions-nous nous laisser abattre par les antécédents infructueux du docteur Audoin? On nous pardonnera, eu égard à l'importance du résultat qu'il s'agit d'atteindre, d'avoir pensé autrement. Placé dans une localité où l'insecte étend ses ravages et dans laquelle sa maligne influence jette déjà le découragement parmi les cultivateurs, nous l'avons étudié long-temps et avec tout le soin dont nous sommes capable, nous avons fait des nombreuses expériences, mais nous ne vous entretiendrons que de celles dont nous croyons le détail digne de quelque intérêt. C'est le résultat de ces études et de ces expériences que nous soumettons avec la plus grande confiance au jugement élcairé des Membres du Conseil Général.

THRIPS OLIVARIUS

(Thrips de l'Olivier.)

Genre Thrips, de l'ordre des hémiphères, famille des Aphidiens. (Latreille.)

Cette nouvelle espèce de *thrips*, a les antennes filiformes rapprochées à leur base, de la longueur du corselet; elles sont d'un jaune de chrôme. Les articles, au nombre de six à huit, sont noirs. Le museau part de la partie inférieure de la tête; il est armé de deux mâchoires cornées. Sa tête est carrée, allongée et munie de deux petits yeux placés immédiatement en dessous des antennes, son corps est étroit, alongé et applati; le premier segment du corselet est visible. L'abdomen, assez alongé, est gros à sa base, renflé vers le milieu et terminé en pointe. La partie inférieure de l'abdomen est recouverte de cinq à six bandes écaillées, et quelquespoils hérissés en garnissent l'extrémité terminée en pointe. Il marche sur six pattes d'inégales longueurs; les deux premières, attachées au corselet, sont plus courtes que les autres fixées à l'abdomen, les cuisses antérieures sont renflées et les tarses composées de deux articles. Au premier aspect, tout l'insecte paraît d'un noir d'ébène luisant, la tête, le corselet, l'abdomen et les pattes ainsi que les ailes, dont la transparence ne laisse voir leur véritable couleur, qui est d'un gris très-clair, qu'autant qu'elles sont déployées. Ces deux ailes sont habituellement pliées exactement l'une sur l'autre et appliquées sur la partie supérieure de l'abdomen dont elles ne recouvrent que le milieu. Aussi, à la faveur d'un fort rayon de lumière, on voit aisément tout autour de l'insecte, depuis la tête jusqu'à l'extrémité de l'abdomen, une rangée de petites éminences arrondies en forme de tête d'épingles et toutes bien distinctes les unes des autres, auxquelles la réflexion de la lumière solaire donne l'éclat de l'acier poli, avec des reflets d'un rouge cuivré.

Tels sont les caractères extérieurs de l'insecte qui s'attache à l'olivier; ils ne peuvent être appliqués qu'au genre *thrips*. Cet insecte offre la plus grande ressemblance avec le *thrips de l'orme*, soit par ses caractères anatomiques, soit par ses habitudes ; seulement le *thrips de l'orme* a les ailes plus blanches ; deux taches d'un bleu de ciel ornent, l'une le milieu de sa tête, et l'autre le milieu du corselet, tandis que dans celui dont nous nous occupons, les ailes sont d'un gris très-clair. Mais ce caractère ne serait pas suffisant, pour ajouter une autre espèce de *thrips* aux six qui existent déjà, si ce n'était l'absence totale des taches bleuâtres sur la tête et sur le corselet, et par opposition, la rangée des petites éminences qui bordent tout le *thrips olivarius*, lesquelles exigent nécessairement qu'on établisse une nouvelle variété tout-à-fait distincte de celle du *thrips de l'orme.*

Le *thrips olivarius*, a tout au plus un millimètre de longueur. Il est doué de beaucoup de vitalité; il est extrêmement agile dans sa marche et vole à peu de distance, quand le soleil brille. Le matin et le soir, si le temps est humide surtout, ses ailes sont comme collées sur l'abdomen; il ne peut en faire alors le moindre usage. Cet insecte est aussi très-irritable quand on le touche ou si on contrarie sa marche; alors il hérisse ses antennes, relève le derrière et courbe son corps en arc. Il se nourrit spécialement du parenchyme des feuilles de l'olivier, il les attaque de préférence par leur partie inférieure et dans leur centre, lorsque les feuilles sont avancées dans leur développement. Mais si la feuille est jeune et tendre, il pique indifféremment le centre ou l'extrémité. Quoiqu'il en soit, son travail rongeur est poussé jusqu'à la nervure principale de la feuille, de manière qu'il en détourne la sève, à tel point que la feuille irritée, se plie, se contourne, se roule même; elle devient crispée comme si l'insecte avait infiltré un venin dans ses tissus, puis elle se dessèche et tombe de sa tige. Lorsque cet insecte attaque la feuille, on ne peut voir le jeu de ses mâchoires, il s'y fixe et paraît être dans un état d'immobilité parfaite. Il est donc probable que c'est par simple succion qu'il tire tout le suc aqueux de la partie de la feuille où sont appliquées ses mâchoires et qu'il dessèche cette partie, car arrivé à la partie supérieure de la feuille dont le tissu ligneux est moins aqueux et plus serré, il s'arrête. Jamais il ne perfore la feuille, et si l'on en trouve de perforées, ce qui est assez rare, c'est que le tissu ligneux de la partie supérieure de la feuille étant privé d'humidité, le suc nourricier n'imbibant plus ses veinules, ce tissu se dessèche et se déchire de lui-même en se contractant.

Le *thrips de l'olivier* attaque toutes les feuilles de l'arbre, il les darde de son venin souvent sur un seul endroit, d'autres fois il en attaque plusieurs. Mais c'est surtout sur les jeunes pousses, sur les jeunes folioles qu'il assouvit avec rapidité sa rage meurtrière. Souvent un jeune rameau qui, la veille, étalait ses folioles fraîches, verdoyantes et sans indices de maladie, est attaqué pendant la nuit, et le soleil du jour suivant suffit pour faire rouler et crisper ses feuilles; comme si le vent avait dirigé sur lui la fumée épaisse de quelque broussaille enflammée. Si la fleur de l'olivier a eu le temps de prendre un certain degré de développement avant l'invasion de l'insecte, il est rare qu'il vienne l'attaquer d'une manière fatale; les organes de la fructification ont pris trop de dureté, trop de consistance pour être sensiblement attaqués, mais l'olivier est privé peu à peu d'une grande partie de ses feuilles, et celles qu'il conserve ont leurs utricules trop serrées pour permettre qu'il y ait communication entr'elles et pour être propres à l'aspiration de l'humidité ambiante et à la décomposition de l'air atmosphérique. La vitalité de l'arbre en souffre nécessairement, et la plus grande partie du fruit tombe avant d'arriver à sa maturité.

Larves qui produisent le Thrips de l'Olivier.

Avant de parvenir à l'état d'insecte parfait, le *thrips olivarius* est passé par l'état de *larve*. Alors il a la forme d'une chrysalide, qui est d'un blanc rougeâtre entourée de quatre à six bandes noires; sa forme est allongée et étroite, sa tête ovale, le dessus du museau ainsi que la queue et les six pattes sont noires, les antennes sont blanchâtres et les articles ont une teinte noirâtre. Les ailes ne sont point apparentes. Cette larve parcourt une série de phases avant d'arriver à l'état que nous venons de décrire, car à sa sortie de l'œuf, il est impossible à l'œil nu de la découvrir, et l'œil armé d'une biloupe a besoin même d'être exercé pour pouvoir la distinguer. Alors elle ressemble à un brin de chanvre très-délié. Dès sa sortie de l'œuf, elle est douée d'une grande agilité, on la dirait infatigable, elle parcourt en tous les sens le petit creux qui l'a vue naître, sans jamais en sortir. C'est des exsudations de l'arbre qui sont plus abondantes dans ces creux produits par les lésions de l'élagage à la main, que la jeune larve se nourrit. A mesure qu'elle se développe, elle s'écarte de plus en plus de son nid pour y revenir sans cesse. Enfin, arrivée à son dernier degré de perfection, elle se dépouille de son écaille qui devient plus rougeâtre à l'époque où l'insecte doit sortir parfait. Ce n'est qu'alors qu'il attaque la feuille de l'olivier.

La *larve* paraît vivre en société dans les petits creux ou gerçures des branches ou des rameaux qui ont été produits par les élagages à la main ou, autrement dits, au pouce. Il m'a été impossible de compter le nombre de larves qui peuvent se trouver dans un de ces creux; mais j'ai pu compter jusqu'à trente et même trente-sept œufs dans un creux d'un millimètre de profondeur et tout au plus autant de circonférence.

Œufs du Thrips de l'Olivier.

Les larves sortent des œufs qui sont déposés par le *thrips olivarius*. Ces œufs sont déposés dans les déchirures, les petits creux ou ouvertures faites par l'élagage; chaque insecte paraît en déposer un plus ou moins grand nombre. Ces œufs ne sont jamais superposés, et quoique agglomérés et serrés les uns à côté des autres, ils sont invisibles à l'œil nu; mais avec une bonne biloupe, l'individu le moins exercé à cet instrument, peut les découvrir. Dès qu'ils ont été déposés, ces œufs sont d'un jaune très-sale et très-dense; ils deviennent plus légers et plus clairs, ils blanchissent même quand ils approchent de leur maturité. A la sortie de l'insecte, l'œuf conserve sa forme primitive et laisse voir aisément l'ouverture par où la larve s'est faite jour, et cette ouverture se trouve toujours à la partie plus exposée à la lumière et celle qui s'offre la première sous la lentille de la biloupe. Quant à leur éclosion, elle est très-variable ; elle ne peut avoir lieu que très-rarement en dessous de 25 à 30 degrés centigrades, elle est très-active de 30 à 35. Ainsi plus une branche sera exposée au soleil, plus le creux où sont déposés les œufs est moins profond, plus l'éclosion est prompte. Rarement l'insecte vient déposer ses œufs à la partie inférieure de l'arbre, soit sur les vieux troncs, soit sur les branches qui ont une certaine grosseur ; toujours il préfère les branches fraîches, bien nourries, ainsi que les jeunes rameaux, parce que là l'exsudation est plus abondante, et c'est cette exsudation qui doit nourrir ses larves. Ce fait, de la plus haute importance, est d'autant plus vrai, que l'insecte ne dépose pas ses œufs ni dans un jour, ni dans deux, il en dépose pendant toute la durée de son existence vraie. Il reste quelques fois plusieurs jours sans déposer un seul œuf, d'autres fois il en dépose plusieurs dans un jour, il ne descend donc pas des jeunes rameaux où il prend sa nourriture pour aller au loin déposer ses œufs. Malgré son activité, n'est-ce pas un instinct paresseux, qui lui laissera aussi souvent faire le dépôt de son germe sur les feuilles piquées, et surtout sur celles qui sont roulées, puisque jamais le nombre des œufs trouvés sur une feuille ne dépasse celui de trois ou quatre, et que ses habitudes de propagation sont de les placer dans les creux des tiges et de les réunir là, en assez grand nombre.

Quelques mots sur la Biloupe.

Voilà des détails nombreux et minutieux sur le *thrips de l'olivier*; il faut avoir vécu, pour ainsi dire, dans son intimité pour avoir pu les fournir. Les expériences que j'ai faites, son éducation à laquelle j'ai assisté, viendront fournir des preuves irrécusables de la véracité de tout ce qui précède, et servir de point d'appui principal à notre procédé de destruction. Avant d'en venir à l'exposition des expériences, qui seront faciles à saisir, je dois dire quelques mots sur la biloupe, instrument d'optique qui est à la portée de chacun et qu'on peut aisément se procurer. Comme je l'ai déjà dit, il faut suppléer à l'impuissance de notre vision, pour voir les œufs et les larves dès les premiers jours de leur naissance, il faut donc nécessairement recourir au mécanisme des verres grossissants. Notre rétine n'étant point organisée pour les infiniments petits, si les images venaient s'y peindre sous des angles trop aigus, elles ne pourraient être perçues par la vision. Pour briser ces angles, il faut donc baisser la biloupe et augmenter ainsi les surfaces de la lentille qui en deviendra beaucoup plus forte ; de plus, l'objet sera ainsi mieux éclairé, et plus le rayon de la sphère, dont ses deux surfaces sont les segments, sera court, plus sera grand l'angle sous lequel l'objet apparaîtra, et, par conséquent, plus l'objet sera grossi.

Série d'Expériences

Confirmant ce qui a été avancé sur la nature et les habitudes du *Thrips Olivarius.*

—

Une grande partie des oliviers de la campagne de M. Caussemille (Dominique), sise au quartier de Foletière, territoire de Draguignan, ayant été, l'année dernière, en proie à l'insecte dévastateur, j'ai obtenu de son obligeance d'y faire mes expériences et mes études.

Au commencement du mois de juin, les oliviers qui avaient été attaqués, l'année dernière (1841), avec le plus d'acharnement, laissaient apercevoir quelques feuilles endommagées, et ce n'est qu'après de longues recherches que je trouvai deux insectes, auxquels je ne pouvais attribuer d'influence malfaisante, tant ils me paraissaient débiles. (Ces deux insectes étaient deux larves du thrips, que je ne connaissais pas alors). Du 15 au 18 du même mois, le dommage devint apparent. Déjà des petits rameaux avaient le plus grand nombre de leurs feuilles recourbées, contournées, roulées, frisées ou piquées, et l'arbre prenait un caractère maladif. C'était avant la chute du soleil que je me rendais au lieu d'observation, et malgré mes minutieuses recherches, à peine ai-je pu trouver alors deux ou trois insectes. Mais comment attribuer à un si petit nombre d'insectes, quoique très-agiles, un dégât si considérable ? Je me demandais si ce ne serait pas une maladie de l'olivier qui appauvrit ainsi l'arbre, plutôt qu'un insecte ?

1re EXPÉRIENCE.

Découverte de l'insecte et sa propagation.

Je coupe un petit rameau d'olivier à feuilles maladives, je plonge sa tige dans un flacon d'eau, et je me hâte de fixer ce flacon sur un arbre entièrement sain. Je mets en contact le rameau malade avec un rameau sain, et j'ai le soin de l'isoler des autres rameaux avec des petits linges imbibés d'huile et d'essences très-aromatiques. J'entoure la tige principale de ce rameau, pour éviter toute contagion avec les autres parties de l'arbre.

Six jours après, le rameau qui plongeait dans l'eau s'est desséché, mais, à mon grand étonnement, le rameau sain était fortement attaqué. Je l'ai coupé aussitôt, afin que le mal ne se propage pas sur l'arbre entier. Il n'y avait plus à en douter, c'était réellement un insecte, quoique bien petit à coup sûr, qui dévorait ainsi l'olivier; cet insecte pouvait se cacher dans les moindres gerçures de l'arbre, et je devais changer l'heure de mes observations qui était peut-être celle de la retraite de l'insecte. Alors je viens observer les arbres vers le crépuscule, et j'aperçois bientôt un plus grand nombre d'insectes agiles et d'un beau noir ; je détache deux ou trois petits rameaux fortement attaqués, je les dépose sur un linge blanc ; quelques instants après des nombreux insectes noirs et un ou deux insectes d'un blanc rougeâtre (deux larves), courent çà et là sur ce linge. C'est ainsi que je suis parvenu à m'en procurer un nombre suffisant pour les étudier et les classer, d'après les caractères irrécusables qui les distinguent.

2e EXPÉRIENCE.

Recherches sur les tiges et les broussailles provenant des élagages.

Les arbres qui étaient très-endommagés l'année dernière, l'étaient moins cette année. Tous avaient été cultivés et élagués de la même manière, et pourtant d'autres oliviers qui avaient eu aussi des atteintes plus faibles l'année dernière, étaient cette année beaucoup plus maltraités. Ces oliviers étaient les plus rapprochés de la maison d'habitation. Cette différence devait éveiller mon attention, elle me parut ne devoir être attribuée qu'à un tas de broussailles provenant du dernier élagage. En effet, j'examine ces broussailles, je prends quelques tiges au-dessus du tas, je les parcours avec l'œil armé de la biloupe; bientôt je trouve quelques insectes, puis enfin des œufs dans les gerçures et dans les fentes. Aidé d'un fort rayon de lumière, j'examine les œufs, ils sont tous vides, l'insecte est éclos. Avec la pointe d'une aiguille je touche le fond de ces gerçures, et en redoublant d'attention, je parviens à grand peine à voir avec la biloupe, plusieurs insectes blanchâtres s'agitant en tous sens dans ces ouvertures.

Je prends alors des tiges nouvelles, de celles qui sont au dessous du tas de broussailles, de celles qui sont moins exposées au soleil ; je les examine de nouveau, et je trouve encore des œufs, mais ceux-ci ne sont pas tous éclos.

Encouragé par ces premiers succès, je parcours avec avidité les arbres attaqués par l'insecte, et il est peu de gerçures, peu de fentes, peu de déchirures surtout provenant des élagages dits à la main ou au pouce, qui n'aient ou des insectes, ou des larves, ou des œufs tantôt éclos, tantôt non éclos, suivant leur exposition plus ou moins chauffée par le soleil, ou suivant l'enfoncement ou la profondeur des creux.

3e EXPÉRIENCE.

Éclosion artificielle des œufs du Thrips de l'Olivier ; premier âge.

Les œufs que je venais de découvrir avaient-ils donné naissance au *thrips*, et les larves ou les petits insectes qui s'agitaient dans les ouvertures des tiges devaient-elles passer à l'état d'insecte parfait : ou, en deux mots, l'œuf à son éclosion, produisait-il une larve, et la larve l'insecte parfait que je voyais ? J'ai procédé, comme il suit, à cette expérience : j'ai coupé quelques tiges où se trouvaient les œufs non éclos, je les ai enfermées dans deux bocaux recouverts d'un papier percé de trous faits avec une aiguille très-fine. J'ai placé un de ces bocaux à une température de 20 à 25 degrés centigrades, et l'autre à celle de 25 à 35 degrés. Huit jours après les œufs qui avaient de 25 à 35 degrés de chaleur ont été percés, et j'ai trouvé de jeunes larves qui s'agitaient dans leurs nids ; ceux qui n'avaient que de 20 à 25 degrés n'avaient point changé d'aspect, et l'éclosion n'avait même pas eu lieu 15 jours après, mais je l'ai obtenue de ces mêmes œufs dans l'espace de trois jours, en élevant leur température jusqu'à 35 degrés. Je n'ai pu compter exactement le nombre de larves qui ont été écloses, à cause de leurs mouvements continuels et de leur grande agilité, mais sur 12 ou 15 œufs qui ont tous été percés et qui ont chacun vu naître leur larve, néanmoins il y a eu deux larves seulement qui sont arrivées à l'état parfait. Cela tient assurément à ce que les larves se nourrissant dans le bois qui conserve toujours une quantité d'eau équivalente à sa puissance hygrométrique, soit que l'arbre tienne à sa racine, soit qu'il soit déposé sur la terre, quoiqu'il n'en reçoive plus les sucs nourriciers ; tandis que les tiges enfermées dans les bocaux avaient à peu près perdu toute leur humidité, ou, du moins, celle qu'elles avaient conservée n'était pas suffisante pour alimenter ces larves. Quant aux deux larves qui avaient pu atteindre leur dernier degré de développement, elles paraissaient maladives, et quoique j'aie eu le soin de leur donner, pour les nourrir, des feuilles et des tiges d'olivier fraîchement déchirées et maintenues humides en plongeant une de leur extrémité dans l'eau, l'une n'a pu se dépouiller qu'à demi de son enveloppe, et l'autre n'a donné qu'un insecte sans vigueur qui est mort peu d'heures après son arrivée à l'état parfait.

Malgré le peu de succès de l'éducation que je viens d'essayer, le but que je me proposais n'en a pas moins été atteint. L'œuf a donné naissance à la larve, et la larve a produit l'insecte parfait.

4e EXPÉRIENCE.

Habitudes du Thrips Olivarius; second âge.

J'ai coupé d'un olivier sain, une jeune pousse, je l'ai plongée immédiatement dans un petit flacon contenant de l'eau, et à l'ouverture duquel j'avais ajusté un bouchon en liége. Je n'ai laissé à cette jeune pousse que trois folioles et j'y ai placé, à huit heures du matin, deux *thrips* de l'olivier bien agiles. J'ai recouvert le tout d'une cloche en verre. Pendant une heure environ, ces deux *thrips* n'ont cessé de parcourir la tige de haut en bas, de bas en haut; ils ont tourné, retourné sur les folioles sans y toucher. Enfin ils sont tous les deux descendus, l'un sur le bouchon, l'autre entre le bouchon et la tige. Ces deux insectes n'ont eu aucun rapprochement entre eux, à tel point, qu'on aurait pu les croire d'espèce différente. Apres être restés immobiles pendant toute la journée, vers les sept heures du soir, ils sont venus prendre place chacun sur une foliole séparée et ils y sont restés quelques instants hésitatifs, pour choisir le point qu'ils devaient piquer; enfin ils s'y sont fixés. Alors j'ai approché la biloupe. L'insecte était dans un état d'immobilité parfaite. On ne pouvait distinguer aucun mouvement dans ses mâchoires, ses antennes seules s'agitaient de temps à autre. A dix heures du soir, l'un n'avait pas abandonné la place où il s'était d'abord fixé ; l'autre, après être resté une heure environ sur la première foliole, était venu se nicher sur la dernière, et à neuf heures du soir il parcourait la tige en tous sens. Le lendemain, j'ai cherché mes deux prisonniers et je n'en ai pu trouver qu'un seul. J'ai examiné les folioles de dessous la cloche, toutes trois avaient été attaquées en différents endroits, mais toujours vers leur centre et toujours à côté de la nervure principale. Trois jours après, ces trois folioles étaient fortement contournées, l'une d'elles était même roulée, et l'insecte s'y était caché ; je le touche et il s'enfuit. Mais quel est mon étonnement, quand je trouve deux œufs dans le pli de cette foliole roulée, et peu de jours après, trois nouveaux œufs, à peu près à côté des deux premiers. Enfin ce dernier insecte est mort parce que, très-probablement, les folioles avaient acquis trop de dureté et qu'il ne pouvait plus s'en nourrir. Trente ou trente-cinq jours après, je suis parvenu à faire éclore de nouveau les œufs provenant de cette éducation domestique.

5e EXPÉRIENCE.

Est-ce une matière vénéneuse insinuée par l'insecte dans les feuilles, qui les force à se contourner ou à se rouler ?

En voyant un insecte si petit et dont les piqûres sont souvent si légères, frapper, pour ainsi dire, de mort, dans un temps très-court, les feuilles d'un arbre, on est porté à croire que cet insecte ne peut atteindre ce résultat qu'en insinuant du venin dans les feuilles qu'il pique. Ce fait était très-intéressant à constater, et voici comment je crois y être parvenu.

Avec un canif j'ai fait diverses incisions sur les feuilles d'olivier en bonne végétation; tantôt j'ai coupé la nervure principale, d'autres fois je ne l'ai coupée qu'à moitié. Je me suis servi aussi de pinces très-fines, pour pincer plusieurs feuilles du même rameau, et c'est surtout la nervure principale que j'attaquais. J'ai encore étiré à la lampe un tube de verre, je l'ai insinué sous l'épiderme de quelques feuilles à côté de leur nervure principale, et l'autre extrémité du tube placée dans la bouche, j'ai fait quelques mouvements d'aspiration. Huit jours après, j'ai vérifié ces divers essais, et toutes les feuilles dont la nervure principale avait été en partie déchirée par le canif, ou pressée par les pinces, ou privée par l'aspiration d'une partie de sa sève ou du fluide nutritif qu'elle récélait, toutes ces feuilles, dis-je, étaient contournées comme la plupart de celles attaquées par l'insecte. Ce phénomène de physiologie végétale est facile à comprendre. Il est des feuilles qui ont plusieurs nervures, partant de la naissance de leur pédoncule ; la feuille de la vigne, celle du mûrier, par exemple, sont dans ce cas ; celle de l'olivier, au contraire, n'a qu'une seule nervure principale, et elle s'allonge de puis son pédoncule, qui est très-court, jusqu'à son extrémité dont elle termine la pointe. Ensuite ses veinules correspondantes sont extrêmement fines et déliées. On concoit dès lors, comment le *thrips de l'olivier*, attaquant presque toujours cette nervure essentielle qui donne la vie à la feuille, la libre circulation de la sève ne puisse plus se faire dans ses utricules et que, dès lors, la feuille se contourne, se crispe et passe enfin dans un véritable état maladif.

6e EXPÉRIENCE.

A quel degré de froid l'insecte meurt-il ? Une basse température est-elle susceptible de faire périr le germe des œufs ?

J'ai préparé un mélange frigorifique, avec le sulfate de soude et l'acide hydrochlorique. Plusieurs *thrips de l'olivier*, tous bien vigoureux, ont été placés dans un tube de verre dont j'ai fermé les deux extrémités. J'ai plongé ce tube dans le mélange frigorifique, ainsi que la boule d'un thermomètre centigrade à alcool. A peine l'alcool était-il descendu à zéro, que déjà ces insectes étaient privés de tout mouvement ; arrivé à quatre degrés de froid seulement, ils ont été tout à fait privés de vie. J'ai ensuite fait subir aux œufs de cet insecte plus de treize degrés de froid, et cette basse température n'a pas empêché leur éclosion naturelle qui a été obtenue de ces mêmes œufs comme s'ils n'avaient pas subi l'épreuve qui vient d'être mentionnée.

MOYENS

POUR DÉTRUIRE

LE THRIPS DE L'OLIVIER.

La nature de cet insecte nous étant bien connue, nous sommes amené à rechercher quels moyens il convient de prendre pour le combattre. Les moyens nous paraissent devoir être dirigés de préférence sur les œufs. En effet, dans les mois des plus fortes chaleurs, le nombre de ces insectes est considérable, et l'on peut alors les attaquer directement, il est vrai, mais en détruisant l'insecte, s'il y avait possibilité, il n'en resterait pas moins les œufs qui ne cesseront de reproduire des générations nouvelles. Cependant nous avons toujours cru devoir examiner d'abord, quels seraient les moyens les plus efficaces à employer contre l'insecte lui-même. Ces moyens sont de deux natures : le premier consiste à se servir d'agents chimiques, le second, de procédés mécaniques. Nous les exposerons séparément.

Destruction de l'insecte par les agents chimiques.

Les agents chimiques délétères aux insectes, ont été ainsi subdivisés, et tel est l'ordre qui a été adopté pour mes essais. *Corps gazeux* : parmi ces corps, l'*hydrogène arsénié*, le *gaz hydrogène sulfuré* et le *gaz sulfureux* lui-même tuent l'insecte instantanément, mais l'opération est non seulement difficile, mais encore dangereuse à confier à des mains inhabiles, et de plus il serait impossible de diriger ces gaz sur toutes les parties de l'olivier, de manière à atteindre tous les insectes.

Graisses et huiles communes. Les corps gras exercent aussi une action nuisible sur le *thrips de l'olivier*, mais leur prix élevé et la quantité considérable qu'il faudrait en employer pour barbouiller chaque insecte, ne pourraient permettre l'emploi d'un pareil procédé.

Solutions salines contenant : un vingtième de *potasse*, ou de *soude*, ou de *fer*, ou de *plomb*, ou de *cuivre*. *Solutions acides* contenant : un vingtième d'*acide nitrique*, ou d'*acide hydrochlorique*, ou d'*acide sulfurique*. Il n'y a pas à en douter, tout procédé par lotions ou lavages exige un fort élagage, car dans les mois où l'insecte paraît, et même dans tous les mois de l'année, l'olivier étant presque toujours recouvert de ses feuilles, le lavage général serait très-long, quasi impossible et toujours plus ou moins nuisible à l'opérateur ; car ce ne serait pas impunément que ces solutions éclabousseraient dans les yeux. D'ailleurs il faut atteindre l'insecte avec ces solutions, et le thrips a une enveloppe demi-écailleuse qui se laisse difficilement pénétrer par ces liquides irritants. Il leur résiste à tel point, que les solutions acides le crispent sans le tuer entièrement, et quelques heures après il reprend son agilité.

Huiles volatiles de térébenthine, d'*aspic*, *huile de cade* (espèce de genévrier). Il est difficile à croire combien ces substances sont vénéneuses pour le *thrips*, lorsqu'elles sont employées pures. L'huile de *cade*, surtout, fait périr l'insecte peu de minutes après qu'il en a été mouillé.

Le mélange dont la recette suit, est presque aussi délétère que l'huile de *cade* pure.

Huile de cade.	1 litre
— de térébenthine. . .	1 id.
Potasse commune. . . .	500 grammes
Eau.	100 litres.

On fait dissoudre la potasse dans un litre d'eau environ, on y mêle l'huile de cade et l'essence de térébenthine; ce mélange est agité pendant quatre ou cinq minutes avant d'y ajouter toute l'eau indiquée.

La quantité d'huile volatile exigée pour laver un arbre en entier rendrait ce procédé assez dispendieux. Aussi ai je cherché à rendre ces huiles miscibles à l'eau, par la moindre agitation, sans en altérer leurs propriétés. Tel est le motif qui m'a déterminé à employer de la potasse, pour former avec ces huiles une espèce de savonule se mêlant exactement à l'eau, et susceptible d'être bien étendue à l'aide d'une éponge. Tels sont les agents chimiques qui peuvent être employés à la destruction de l'insecte, mais ils ne sont guère applicables, et l'on reculera toujours avec raison devant la difficulté d'un lavage parfait, car il faudrait toucher l'insecte pour le tuer, il faudrait même le mouiller assez fortement; si non, il résiste; et peu d'instants après l'arbre étant sec, il n'a rien perdu de sa vigueur ni de son agilité, malgré que l'odeur de ces huiles persiste assez long-temps.

Destruction de l'insecte par les moyens mécaniques.

On a proposé d'envelopper le tronc et les branches de l'olivier, avec de la paille ou avec du chaume, d'offrir ainsi une retraite à l'insecte, pour le détruire ensuite en brûlant le chaume ou cette paille.

On n'a pas craint aussi d'attaquer l'insecte par le feu, en brûlant au dessous des rameaux de l'olivier, soit des paquets de bruyère, soit des morceaux de pin résineux, en agitant ces corps enflammés à tort et à travers.

Ces deux procédés ne peuvent donner que de faibles résultats : l'un est à peu près insignifiant, et le second est-souvent très dangereux pour l'arbre.

Enfin, on conseille de secouer l'olivier et de le battre avec un fouet garni de nombreuses ficelles, ou avec des tiges flexibles. On arrive toujours ainsi, il est vrai, à la destruction d'une grande partie des insectes, mais l'olivier souffre beaucoup plus de cette flagellation que de l'élagage le plus mal pratiqué ; d'ailleurs ces opérations laissent toujours subsister un très-grand nombre d'insectes, il n'y a pas à en douter.

Destruction totale du Thrips Olivarius en attaquant ses œufs.

Cet insecte est très-agile, très-vivace, son enveloppe est demi-écailleuse, à tel point qu'il résiste aux agents chimiques les plus irritants et les plus délétères ainsi qu'à tous les moyens mécaniques. Or, s'il en reste un assez grand nombre sur l'olivier, et si un seul produit plusieurs fois des œufs pendant son existence de quelques mois, tous les procédés qui attaquent l'insecte, quoique utiles, puisqu'ils servent à en diminuer le nombre, sont loin de remplir le but essentiel. Le seul moyen efficace est donc d'attaquer les œufs.

Les œufs, nous l'avons déjà dit, sont toujours de préférence dans les trous, dans les gerçures, ou ouvertures provenant des derniers élagages à la main ou au pouce. On en trouve aussi, mais en petit nombre, sur quelques feuilles piquées, surtout sur celles qui sont entièrement roulées, mais c'est avec peine qu'on pourrait en rencontrer sur les troncs principaux et sur les branches de moyenne grosseur. Si nous ajoutons à cela qu'un froid de deux à trois degrés centigrades tue le thrips de l'olivier et que sa mort est d'autant plus prompte à cette température quand il règne un temps humide; nul doute que cet insecte ne peut survivre à nos hivers, qu'il périt tous les ans et que sa reproduction se fait par les œufs qui ont été déposés pendant les mois des chaleurs (1). Dès lors il n'y a pas à hésiter; c'est cette reproduction qu'il importe d'arrêter.

Tous les agents chimiques maniables sont sans action sur les œufs; une température même de quinze à seize degrés centigrades au dessous de zéro, n'empêche point leur éclosion, ils sont aussi assez adhérents à l'endroit où ils ont été déposés par l'insecte, et les acides nitrique et sulfurique purs seraient seuls capables de les altérer, si ces acides concentrés n'étaient pas extrêmement dangereux à manipuler. Les lavages ne peuvent pénétrer dans les ouvertures où sont les

(1) On a long-temps été porté à croire que l'insecte ailé qui est répandu toute l'année dans les champs et jusque dans nos habitations, en hiver, était le thrips de l'olivier, ou du moins le même insecte qui dévorait l'olivier. C'est une erreur, car cet insecte étend son vol à des longues distances, et appartient à la famille des hyménoptères, au genre fourmi; ce qui est facile à constater par le pédicule long et noueux qui unit son abdomen au corselet.

dépôts de ces œufs et la brosse la plus souple comme la plus grossière ne saurait les atteindre convenablement. Le seul moyen radical de destruction est donc d'attaquer les œufs, de les enlever ou par le lavage, ou par le frottement, ou de nuire à leur germe par des liquides caustiques, ou enfin d'empêcher leur éclosion. Nous avons fait connaître les résultats négatifs des trois premiers procédés. C'est le dernier seul qui nous offre le plus de garantie et même qui peut seul faire arriver au but désiré.

L'agriculteur connaît les soins qu'il doit donner à l'olivier, le nombre de fois qu'il doit le bêcher, la nécessité de ne pas semer trop près du tronc, l'élagage qui lui convient le mieux et la manière dont il doit être fait. Nous recommanderons seulement que l'élagage s'opère toujours avec un instrument tranchant, même pour la section des plus petites tiges ; il importe aussi de brûler avec le plus grand soin tout le bois et les feuilles provenant de cet élagage; et, aussitôt après, de bêcher ou de labourer la terre avec plus d'attention que d'habitude, pour recouvrir de terre les œufs qui seraient tombés des creux des tiges, ou les feuilles qui n'auraient pu être ramassées. Quant à l'élagage, nous devons dire, d'après nos observations, que les œufs étant déposés de préférence sur les jeunes rejetons de l'année précédente, et sur ceux de deux ou trois ans au plus, l'arbre sera élagué profondément, et plus l'opération pour boucher les creux, à laquelle nous allons nous arrêter, sera courte, facile et efficace.

C'est après la cueillette des olives que nous conseillons l'élagage pour opérer au bouchage des creux et fentes de l'olivier. Ce bouchage n'a pas besoin d'être fait sur le tronc, ni sur les branches anciennes, parce que ce n'est pas sur celles-ci que le thrips vient habituellement déposer ses œufs. Nous avons indiqué les petits creux ou ouvertures provenant des élagages, il ne faudra donc pas pour cette opération une quantité considérable de mastic ni un temps très-long. Mais ce mastic doit être assez mou pour être malaxé entre les doigts, assez dur et assez consistant pour ne pas couler au soleil, de plus il doit être très-adhérent, insoluble dans l'eau et durcir à l'air, surtout il ne doit pas se fendiller, et la pâte en doit être bien fine. Si le mastic ne remplissait pas toutes ces conditions, l'opération deviendrait inutile, puisque les larves trouveraient plus tard une issue, et que les creux seraient encore bientôt mis à découvert. Cette opération deviendrait urgente tous les ans, si dans le voisinage d'une propriété ainsi élaborée, il en existait une autre à coté qui n'eût reçu aucun soin, car cet insecte du voisinage, s'y reportant probablement, trouverait encore des creux pour y déposer ses œufs. Au contraire, quand le bouchage sera fait avec soin et avec un mastic solide, l'insecte est forcé de déposer ses œufs sur un bois lisse, les pluies d'hiver entraîneront assurément avec elles le germe reproducteur. Nous avons à proposer plusieurs luts ou mastics qui méritent tous la plus grande confiance, soit parce qu'ils sont peu dispendieux, soit parce qu'ils possèdent tous à des degrés plus ou moins rapprochés, les propriétés que nous recherchons dans un mastic. Cependant nous ne saurions donner trop de préférence à celui auquel nous donnerons le nom de *mastic de l'olivier*.

A deux parties de farine de lin on mêle un tiers de chaux éteinte desséchée et passée à un tamis très-fin ; on fait avec ce mélange et une dissolution de colle dans l'eau, une pâte de consistance convenable.

Une poudre très-fine de chaux éteinte, d'argile par égales parties et un huitième d'huile commune ; on forme une pâte de ce mélange avec une dissolution de colle forte dans l'eau.

On pourrait aussi faire un mastic précieux avec de la bonne argile pétrie, et passée au tamis, à laquelle on ajouterait un huitième environ d'alun en poudre et un sixième de débris de cheveux ou de laine coupés très-menus.

Il est aussi un mastic qu'on se procurerait facilement, mais on ne peut lui faire atteindre tout le degré de perfection nécessaire, soit pour son adhérence, soit pour sa finesse, de sorte qu'il ne peut ni pénétrer ni s'attacher aisément aux petites gerçures ; il consiste à pétrir du crotin de cheval avec de l'argile et un septième de plâtre.

MASTIC A OLIVIER,

Pour remplir les creux, les gerçures ou déchirures de cet arbre.

Poix blanche.	6 kil.
Huile d'olives commune. . . .	1 kil.
Cire jaune.	1/4 kil.
Argile sèche en poudre fine. .	1 kil.

(L'argile peut être remplacée par la brique pilée, par le plâtre ordinaire, la terre ou le sable de rivière, mais toujours en poudre bien fine.)

PRÉPARATION DU MASTIC.

On fait liquéfier, dans un vase quelconque en terre, en fonte ou en cuivre, la poix résine avec l'huile et la cire jaune; on remue continuellement avec une tige en fer ou en bois, jusqu'à ce que la liquéfaction soit complète. Alors si on apercevait des impuretés dans ces corps gras, on aurait l'attention de les passer avec expression et à l'état bouillant à travers d'une toile à tisser peu serrée ou à travers d'un tissu de crin; on chaufferait de nouveau ce mélange purifié pour y ajouter peu à peu l'argile ou la terre, suivant ce qu'on a préféré employer.

Après avoir bien mêlé, on le retire du feu pour le

pétrir entre les mains, en ayant la précaution de les tremper de temps à autre dans l'eau, pour que la pâte ne s'y attache pas. Dès que la quantité d'argile désignée a été introduite dans le mélange d'huile, de résine et de cire, on essaie, suivant la température qui règne, d'introduire une quantité plus forte encore de cette terre, de telle sorte que cette pâte ne puisse plus s'attacher aux doigts, et qu'en la pressant sur une gerçure ou fente de l'olivier, elle y reste fixée et adhérente, comme le plâtre s'applique et reste fixé contre une muraille.

Ce mastic est ensuite conservé à la cave, et s'il a acquis trop de dureté, quand on veut s'en servir, il suffit de le présenter au feu et de le chauffer entre les mains, pour le ramener à son état primitif.

Résumé.

Après avoir étudié avec le plus grand soin l'insecte qui dévore l'olivier, nous l'avons classé et puis nous nous sommes, pour ainsi dire, familiarisé avec ses habitudes par des expériences multipliées qui nous ont paru dignes d'intérêt. Pour parvenir à sa destruction, nous l'avons mis en contact avec tous les agents chimiques délétères, soit gazeux, soit liquides. Ces essais ont été longs et minutieux et leurs résultats étant loin de nous satisfaire, nous nous sommes borné à ne citer ces expériences que d'une manière tout à fait sommaire. Enfin les procédés mécaniques ne nous paraissant pas plus avantageux, c'est avec confiance que nous avons exposé notre méthode agissant sur les œufs, c'est-à-dire sur le germe même de la reproduction.

Au premier aspect, ce procédé peut sembler long, dispendieux et difficile à pratiquer, mais l'éxecution prouve bientôt le contraire. Que l'élagage soit tout fait par section ou par rasion, au lieu d'être fait en partie par déchirure, l'une ne demande pas un temps plus long que l'autre. Quant à l'opération du bouchage, elle sera nécessairement plus longue, si l'élagage est assez léger, mais si l'élagage est assez profond, cette opération se réduit alors à peu de chose. En somme, l'opération du bouchage est, par elle-même, courte et facile à pratiquer. Le cultivateur le moins adroit acquerra bientôt l'expérience nécessaire pour arriver sans recherche, et directement, aux divers foyers des œufs, et prendra facilement l'habitude de recouvrir d'un seul coup de doigt (préalablement enduit du mastic obturateur) chaque gerçure, chaque creux ou petite fente de l'olivier, et il les reconnaîtra aisément.

On ne peut se dissimuler que les innovations, principalement en agriculture, ne soient, en général, acceptées lentement et avec défiance. Mais lorsque ces innovations sont rationnelles, lorsqu'un besoin impérieux et général les proclame, n'est-il pas naturel d'attendre qu'elles seront plus vite adoptées et que la lutte de la routine contre la raison ne sera pas de longue durée !

C'est cette espérance, c'est le vif désir d'accroître le bien-être et la richesse de nos concitoyens, qui a éveillé notre zèle, qui nous a soutenu dans nos recherches. Si un succès plus complet est un jour réservé à d'autres plus habiles, nous aurons au moins la satisfaction d'avoir donné une impulsion, selon les enseignements de la science, à l'étude de l'importante question soumise au concours par MM. les Membres du Conseil Général du Var.

www.ingramcontent.com/pod-product-compliance
Ingram Content Group UK Ltd.
Pitfield, Milton Keynes, MK11 3LW, UK
UKHW022000260726
13994UKWH00004B/1873